全国农民教育培训规划教材

核桃
实用栽培技术

玉苏甫·阿不力提甫　主编

中国农业出版社

北　京

编写人员名单

主　编　玉苏甫·阿不力提甫

副主编　帕提曼·阿布都热合曼　曾　斌

前 言

　　核桃与扁桃、腰果、榛子被誉为世界四大坚果，其经济效益、生态效益、社会效益极高，是遍及世界五大洲的广域经济树种。核桃在我国分布广泛，尤其在新疆，核桃的栽培与生产是当地的富民产业。新疆核桃具有粒大、壳薄、质优、高产稳产、结果早、品质优、易管理等优点，栽培前景广阔。但随着核桃产业的发展、核桃面积的不断增大，在核桃重要产区已经出现核桃减产、核桃仁不饱满及味淡等问题，严重影响了核桃质量和经济效益，打击了果农的生产积极性。

　　本书主要介绍核桃栽培概况、新疆核桃优良品种、核桃生物学特性、核桃育苗技术、核桃园的建立、土肥水管理、核桃整形修剪、核桃花果管理及采收、核桃主要病虫害防治等。本书用语通俗简练，图文并茂，可作为农林职业技术学校或基层技术人员培训教材使用，也可供广大核桃果农参考。

　　由于编者学术水平有限，书中不妥和讹误难免，敬请读者批评指正。

编 者

2022 年 5 月 10 日

目 录

前言

第一章

核桃栽培概况 ·· 1

一、基本情况 ·· 3

二、核桃生长特点及营养价值 ·················· 3

三、新疆核桃发展概况 ···························· 3

第二章

新疆核桃优良品种 ······························· 5

一、新丰 ·· 7

二、温 185 ·· 8

三、新新 2 号 ··· 8

四、扎 343 ·· 9

五、新早丰 ··· 10

六、新温 179 ·· 10

1

第三章

核桃生物学特性 ·························· 13

一、主要器官 ·························· 15

二、生长发育周期 ·························· 22

三、对环境条件的要求 ·························· 23

第四章

核桃育苗技术 ·························· 25

一、种子繁殖法 ·························· 27

二、嫁接繁殖法 ·························· 28

第五章

核桃园的建立 ·························· 35

一、园地选择 ·························· 37

二、品种选择 ·························· 37

三、栽植技术 ·························· 37

第六章

土肥水管理 ·························· 39

一、土壤管理 ·························· 41

二、施肥管理 ·························· 42

三、水分管理 ·························· 43

第七章

核桃整形修剪 ·························· 45

一、树形结构 ·························· 47

二、不同时期整形修剪方法 ·························· 48

第八章

核桃花果管理及采收 ⋯⋯⋯⋯⋯⋯⋯⋯⋯⋯⋯⋯⋯⋯⋯ 51

一、花果管理 ⋯⋯⋯⋯⋯⋯⋯⋯⋯⋯⋯⋯⋯⋯⋯⋯⋯ 53
二、采收加工 ⋯⋯⋯⋯⋯⋯⋯⋯⋯⋯⋯⋯⋯⋯⋯⋯⋯ 53

第九章

核桃主要病虫害防治 ⋯⋯⋯⋯⋯⋯⋯⋯⋯⋯⋯⋯⋯⋯⋯ 57

一、主要病害及防治 ⋯⋯⋯⋯⋯⋯⋯⋯⋯⋯⋯⋯⋯⋯ 59
二、主要虫害及防治 ⋯⋯⋯⋯⋯⋯⋯⋯⋯⋯⋯⋯⋯⋯ 62

附录　核桃树周年管理工作历 ⋯⋯⋯⋯⋯⋯⋯⋯⋯⋯⋯ 66

第一章

核桃栽培概况

一、基本情况

核桃又名胡桃、羌桃、合桃等，为胡桃科胡桃属落叶乔木，与扁桃、腰果、榛子被誉为世界四大坚果，是一种遍及世界五大洲的广域经济树种。中国、美国、法国、印度、智利、土耳其为世界核桃六大主产国。

我国核桃栽培历史悠久，在多年的栽培演化过程中产生了十分丰富的种质资源。核桃在我国分布广泛，但以云南、山西、四川、河北、新疆、陕西等省份居多。新疆核桃种植主要在南疆，以阿克苏地区、喀什地区、和田地区为主，核桃等特色林果产业是当地农民增收致富的支柱性产业。

二、核桃生长特点及营养价值

核桃树高一般 10～20 米，最高可达 30 米以上，成龄核桃树胸径 1 米左右。核桃营养价值很高，核桃果仁中富含铜、镁、钾、磷、铁等多种元素和矿物质，以及叶酸、烟酸、维生素 B_1、维生素 B_2、维生素 B_6、核黄素、β-胡萝卜素等多种维生素。核桃生食、加工、榨油等均可，也是轻工业的原料，在医疗保健方面可做中药材。

三、新疆核桃发展概况

新疆是核桃原产地之一，目前在新疆伊犁谷地仍有野生种分布。新疆独特的生态气候及水土资源等地缘优势，使新疆核桃粒大、壳薄、质优，尤其是近几年推出的新品种，高产稳产性强（亩*产 200～462 千克）、结果早（嫁接苗第二年结果）、品质优（国标优级）、易管理。

---

* 亩为非法定计量单位，1 亩≈667 米²。——编者注

第二章
新疆核桃优良品种

目前新疆正式命名并通过自治区林木良种委员会审定的核桃品种有26个，生产中主要推广应用的有以下6个品种。

一、新丰

新丰由新疆林业种苗总站选育，1995年列为新疆推广品种（图2-1）。实生优树，树体紧凑似尖塔形，平均单果重15.67克，壳厚1.28毫米。嫁接后2～3年开始结果，10～15年进入盛果期，株产20千克以上，亩产200千克以上，株行距宜（6～8）米×8米。出仁率53.1%，仁色浅黄色。结果枝呈丛状鸡爪形，深青褐色或红褐色，有二次雄花。雌先型。4月上、中旬开花，9月上、中旬果实成熟。发枝力强，每个母枝平均发枝5个，短果枝占24.6%，中果枝占62.3%，属中短枝型。坐果率50%～60%，果枝率95%以上，双果及多果率68.0%，内膛结果能力弱。该品种树势强，树冠开张，丰产稳产，适应性强，坚果外观好，宜带壳销售。

图2-1　新丰

二、温 185

温 185 由新疆林业科学院选育，1994 年列为全国推广品种（图 2-2）。坚果似桃形，果基圆而稍平，果顶渐尖；壳面浅褐色、光滑，单果重 15.8 克，壳厚 0.8 毫米，出仁率 65.9%，果仁饱满，色浅味香。树体较小、树冠紧凑，1 年生枝深绿色，具二次生长特性。雌先型。果实 9 月上旬成熟。每个结果母枝平均发枝 4.5 个，较粗壮；短、中果枝结果，短果枝占 69.2%，中果枝占 30.8%。双果及多果率 68.5%。该品种树势强，抗逆性强，早实丰产性极强且稳产，坚果品质特优，适宜密植集约化栽培。

图 2-2　温 185

三、新新 2 号

新新 2 号由新疆林业科学院选育，1995 年列为新疆推广品种，现为阿克苏地区密植园栽培品种（图 2-3）。坚果长圆形，果基圆形，果顶稍小，平或稍圆。壳面光滑，浅黄褐色，结合紧密；壳厚 1.2 毫米。单果重 11.63 克，出仁率 53.2%；果仁饱满，色浅，味香。1 年生枝绿褐色，枝细长，具二次生长特性。雄先型。发枝力较弱，每个结果母枝平均发枝 1.95 个，结果枝率

100%，平均果枝坐果 2.01 个；短果枝占 12.5%，中果枝占 58.3%，属中短枝类型，双果及多果率 73.6%。该品种树势中等，树冠较紧凑，适应性强，早实丰产性强，盛果期产量上等，品质优良。

图 2-3　新新 2 号

四、扎 343

扎 343 由新疆林业科学院选育，1994 年列为全国推广品种（图 2-4）。坚果椭圆形或卵形，壳面淡褐色，光滑美观；单果重 16.4 克，壳厚 1.2 毫米，

图 2-4　扎 343

出仁率51.8%，仁色较深。雄先型。9月中、下旬果实成熟。每个结果母枝平均发枝2.5个，短果枝占40%，中果枝占60%，属中短果枝型；坐果率70%~80%，双果和多果率达50%。果枝率80%，立体结果能力强。产量上等，稳产。该品种树势强，树冠开张，抗逆性强，坚果外观好，适宜带壳销售；花粉量大，花期长，是理想的授粉品种。

五、新早丰

新早丰由新疆林业科学院选育，1994年列为全国推广品种（图2-5）。坚果椭圆形，果基圆，果顶渐小，果尖稍凸；壳面浅黄色，光滑；单果重13.1克，壳厚1.23毫米，出仁率51.0%。果仁饱满，色浅，味香。1年生枝呈绿褐色，粗壮，具二次生长特性，二次雄花多而花期长。雄先型。4月上、中旬开花，果实9月中、下旬成熟。发枝力极强，每个结果母枝平均发枝7.6个，结果枝率100%，平均果枝坐果2.28个；短果枝占43.8%，中果枝占55.6%，属中短枝类型。双果及多果率85%，早实

图2-5 新早丰

丰产性极强。该品种树势中等，树冠开张，抗逆性强，品质优良。

六、新温179

新温179由新疆林业科学院选育，1995年列为新疆推广品种（图2-6）。坚果圆形，壳面浅褐色、光滑；单果重15.9克，壳厚0.86毫米，出仁率

61.4％。果仁饱满，味香，浅褐色。树势较强，树冠开张。1 年生枝灰绿色，粗壮，具二次生长特性。雌先型。4 月中、下旬开花，果实 9 月上、中旬成熟。发枝力中等，平均每个结果母枝发枝 2.95 个，短果枝占 50％，中果枝占 46.4％，属中短枝类型。果枝率 93.2％，坐果率 70％，双果及多果率 72.7％。该品种树势较强，树冠开张，适应性较强；早期丰产性强，盛果期产量上等；坚果品质特优，宜带壳销售或加工。

图 2-6　新温 179

3

第三章

核桃生物学特性

一、主要器官

(一) 根

核桃根系发达，为深根性树种，在沙土地上，成年树主根深达地下 6 米以下，侧根水平伸展可达 10～12 米，根冠比通常为 2。核桃大树根系垂直分布在 20～120 厘米的土层中，占总根量的 80% 以上。栽培园核桃根系水平分布大体与树冠边缘一致。早实核桃比晚实核桃根系发达，幼树期尤为明显。发达的根系是早实丰产的主要因素之一。

核桃幼苗时，根生长量大于茎生长。1～2 年生幼树垂直根生长快，为地上部的 2～5 倍，3 年生以后侧根数量增多，随年龄增长侧根生长逐渐超过主根，所以在生长前期要注意切断主根，促进侧根生长，提高栽植成活率，加速地上部生长。

核桃根系的开始活动期与芽萌动期相同，3 月下旬出现新根，5 月中旬—6 月上旬、9 月中旬—10 月中旬出现两次生长高峰，11 月下旬停止生长。核桃树有菌根，集中分布在 5～30 厘米土层中。菌根的生长发育与树高、干径、根系和叶片的发育状况呈正相关。

(二) 枝

1. 按枝条性质分类

（1）结果枝。花顶生或顶端侧生的枝条。

（2）雄花枝。顶芽为叶芽、侧芽为雄花芽的枝条，生长细弱，内膛或衰弱树上较多，开花后变成光秃枝。

（3）营养枝。来源于叶芽或潜伏芽，生长中庸健壮（50 厘米以下）者当年可形成花芽。内膛由潜伏芽萌发形成的多为徒长枝，注意夏剪控制。

（4）结果母枝。着生混合芽的结果枝。顶芽及其下端 1～3 个腋芽为混合芽。长结果母枝 20 厘米以上，中结果母枝 10～20 厘米，短结果母枝小于 10 厘米。以生长健壮的短、中结果母枝坐果率最高。幼龄树、生长强及晚熟类型的树上长、中果枝多；大龄树及早实类型中、短果枝多。

结果母枝有连续结果的习性，在放任生长的情况下，连续结果几年后生长变弱，结果能力下降，出现大小年现象或丧失结果能力，最后干枯死亡。

2. 按生长特性分类

（1）徒长枝。长度 50 厘米以上，节间较长。

（2）背下枝。核桃枝条分枝角度大，成年树的枝条多横向生长。平斜枝上的下芽比上芽和侧芽充实，萌发后生长势强，故往往形成强壮的背下枝。

（3）下垂枝。背下枝多年延伸，常易形成下垂枝。应注意控制下垂枝与背下枝的生长，以免削弱树势，降低产量。因此，定干高度不能偏低。

（4）二次枝。二次枝多在早实核桃上发生，晚实类型少有出现。北方核桃二次枝不易成花结果或果小，一般不留。

（三）芽

按芽的形态结构和发育特点分为四种：

1. 混合芽　习惯称为雌花芽（图 3-1）。萌发后抽生枝、叶和雌花，形成结果枝。芽体肥大而饱满，覆 5～7 片鳞片，近圆形。晚实核桃的混合芽着生在一年生枝顶部及以下 1～3 个节间处，早实核桃除顶芽外，其下侧芽均可为混合芽，来年抽生形成侧生结果枝，侧芽中混合芽的多少或形成侧生果枝的多少是早实核桃丰产的重要性状之一。

2. 雄花芽　萌发后形成雄花序，多着生于 1 年生枝条的中下部（图 3-2）。不同树上雄花芽数量不等，单生或与叶芽、混合芽叠生。圆锥形，似松塔，为裸芽。萌发后抽生柔荑花序，开花后脱落。

3. 叶芽　着生于营养枝顶端及叶腋，单生或与雄花叠生（图 3-3）。枝条中下部叶芽多不萌发而枯死，形成光秃带，所以核桃树冠稀疏。顶端叶芽（顶芽）萌发能力强，健壮枝的顶芽以下 3～5 个侧芽萌芽抽枝，弱枝仅顶芽抽枝。

图 3-1 混合芽

图 3-2 雄花芽

4. 潜伏芽 又称休眠芽、隐芽。正常情况下不萌发,当受到外界刺激后(冻害、修剪等)才萌发。早实核桃的潜伏芽萌发力和成枝力强。典型的早实丰产核桃的潜伏芽萌发后就可形成结果枝,开花结实。所有的枝条基部芽常不活动而成为潜伏芽,寿命可达数十年至上百年。

图 3-3　叶芽

(四) 叶

核桃叶片为奇数羽状复叶，小叶 5～9 片（图 3-4）。从展叶长到最大叶面积需要 30～40 天。复叶的多少与质量对枝条和果实的发育影响很大。通过肥水及修剪等管理措施，促进核桃早实丰产、树势健壮，是应着重解决的问题。

图 3-4　核桃叶片

(五) 花

核桃多为雌雄同株异花（图 3-5、图 3-6）。雌花无花被，仅总苞合围于子房外。核桃存在雌雄异熟现象。

图 3-5　核桃雄花

图 3-6　核桃雌花

1. 花芽分化　早实核桃 3～4 年即开花结实，晚实核桃则 8～10 年才开花结实。嫁接可促进提早开花结实，栽培技术措施可促进花芽分化。

（1）雄花芽分化。雄花芽分化早，于开花前后（4 月中旬—5 月上旬）至翌年开花前完成；一般情况下核桃雄花芽原基于 5 月上旬已形成，5 月中旬雄花芽直径达 2～3 毫米，翌年 4 月迅速发育膨大并开花散粉。

（2）雌花芽分化。雌花芽分化包括生理分化期和形态分化期。生理分化期约在春梢停止生长后的第 3 周（6 月中旬）开始，第 4～6 周（6 月下旬）为分化盛期。生理分化期是控制花芽分化的关键时期，可以人为调节雌花芽的分化。形态分化在生理分化基础上进行，雌花芽原基出现在 10 月上、中旬，入冬前原基上出现苞片、萼片和花被原基，以后进入休眠期（12 月上旬基本停止），翌年 3 月中、下旬形态分化继续进行，直至开花。

2. 雌、雄花特性　核桃同一株树的雌、雄花错开开放，若雌花先开放，称为雌先型；雄花先开放，称为雄先型。核桃是异花授粉植物，必须配植授粉树。

（1）雌花。核桃雌花可单生或 2～5 朵簇生，个别品种有 10～15 朵穗状花序，形成穗状核桃。

（2）雄花。核桃雄花为柔荑花序，雄花序长 8～12 厘米，每花序着生 130 朵左右小花，每花序可产花粉 180 万粒或更多，而有生活力的花粉约占 25％，适当疏雄（80％～90％）有明显增产效果。

（3）授粉特性。核桃系风媒花，花粉传播距离与风速、地形、地势等有关。最佳授粉距离在 100 米以内，超过 300 米几乎不能授粉。在生产园中主栽品种和授粉品种栽植比例以 5∶1 为宜。如果主栽品种和授粉品种经济价值相等，以 2∶2 的比例栽植即可。

（六）果实

果实由雌花发育而成，多毛苞片形成青皮，子房发育成坚果（图3-7）。从雌花柱头授粉后枯萎到果皮开裂称为果实发育期。一般核桃果实发育期需要 130～150 天，整个发育过程可分为四个阶段：

1. 速生期 持续 35 天左右，5 月中旬—6 月中旬，是核桃生长最快的时期，占总生长量的 85% 左右。自然情况下核桃的生理落果率 30%～50%，集中在柱头枯萎 20 天左右。

2. 硬核期 果实停止增大，核壳从基部向顶部硬化，核仁由透明变成乳白。在 6 月中旬—7 月上、中旬，持续时间 30～40 天。

3. 油脂转化期 果实缓慢生长，种仁内油分增长快，在 7 月中旬—8 月中、下旬，持续时间 30～50 天。核仁风味由甜淡变成香脆。

4. 成熟期 核桃果实成熟的外观标志是果皮绿色渐渐变淡，成为黄绿色或黄色，青果皮顶部出现裂缝。在 8 月中、下旬—9 月中、下旬，20～40 天。新疆南疆各核桃生产区均存在果实过早采收的情况。同一品种若提前采收 15 天，坚果单粒重下降 4.4%，仁重降低 17.5%，出仁率降低 9.7%，严重影响坚果品质。

图 3-7 核桃果实

二、生长发育周期

（一）核桃的生命周期

核桃实生树个体发育的生命周期可划分为胚胎、幼年、成年、衰老四个阶段。

1. 胚胎阶段 从胚胎形成到种子成熟称为胚胎阶段。

2. 幼年阶段（童期） 植株只有营养生长而不开花结果。果树童期的特点是生长迅速，树冠和根系离心生长并迅速扩大。在形态上表现为枝条直立生长，密集而分枝角度大，枝条木质部发达并以木质纤维为主，导管较少。叶片大，新梢生长快。种子播种的核桃实生苗童期较长，早实核桃一般 3～4 年，晚实核桃 8～10 年。

3. 成年阶段 实生核桃树进入性成熟阶段（具开花潜能）后，在适宜的外界条件下可随时开花结果，这个阶段称为成年阶段。根据结果的数量和状况又可分为结果初期、结果盛期、结果后期三个阶段。

（1）结果初期。其特点是树冠和根系仍快速扩展，此期部分枝条先端开始形成少量花芽，果实较大。

（2）结果盛期。这个时期指进入大量结果到高产稳产的过程。树冠和根系均已扩大到最大限度，骨干枝离心生长逐渐缓慢，枝、叶生长量逐步减少。发育枝减少，结果枝大量增加，大量形成花芽，产量达到高峰。果实大小、形状、品质完全显示出该品种特性。结果部位逐渐外移，树冠内部空虚部位发生少量生长旺盛的徒长更新枝条，开始向心生长。根系中的须根部分死亡，发生明显的局部交替现象。

主要调控措施：加强肥水供应，修剪精致，均衡配备营养枝与结果枝，防止大小年结果现象过早出现。

（3）结果后期。这个时期从高产稳产到开始出现大小年至产量明显下降。

特点：新梢生长量小，结果量逐渐减少。发徒长枝，但很少形成更新枝。主枝先端开始衰枯。主要的调控措施为大年要注意疏花疏果，配合深翻改土，加强肥水管理，注意更新根系。

4. 衰老阶段 为树体生命活动进一步衰退时期，从产量明显降低到几乎无经济收益。特点：部分骨干枝、骨干根衰亡，结果枝越来越少，结果少而品质差。

（二）核桃的年生长周期

核桃每年都有与外界生态环境条件相适应的形态和生理机能的变化，呈现出一定的生长发育规律性，即核桃的年生长周期。新疆核桃年生长周期可分为以下几个时期：

1. 休眠期 1月上旬—3月上旬。

2. 萌芽期 3月中旬—4月上旬。

3. 花期 4月中旬—下旬。

4. 果实发育和新梢生长期 4月下旬—9月中、下旬。

5. 果实采收后到落叶前 9月中、下旬—11月上旬。

三、对环境条件的要求

（一）温度

核桃为喜温果树，适栽产区年均温9~16℃为宜，休眠期低于－20℃幼树受冻，低于－26℃大树部分花芽、叶芽受冻，低于－29℃枝条受冻。新疆南疆地区是我国核桃著名产区，年均温在9~12℃，大树一般可安全越冬。

（二）光照

核桃为喜光果树，全年日照时间需2 000小时以上。

（三）水分

核桃对空气湿度适应性强，但对土壤水分敏感。种植核桃树的地块，地下水位应在 2 米以下。若地下水位过高，易造成根系呼吸受阻、窒息、腐烂、死亡。

（四）风

核桃是风媒花，借风力传播花粉。3～4 级的和风有利于核桃散粉，提高授粉效果。但春、夏季大风沙尘天气，对核桃生长发育极为不利。

（五）土壤

核桃属深根性树种，适应性强，要求土层深厚，排水良好，盐碱总量不超过 0.3％。在地下水位高和过分黏重的地段生长不良，在含钙微碱性土壤上生长最佳，适宜 pH6.2～8.2。栽种核桃要求地势平坦或在缓坡地，有林带防护。核桃根系的适宜土壤含水量为田间持水量的 60％～80％。土壤氧气含量 8％～12％为宜。

第四章

核桃育苗技术

一、种子繁殖法

（一）选种

培育砧木苗时，以晚实核桃、壳厚 1.5 毫米以上的种子为宜。早实类薄壳核桃一般不能用作培育砧木苗的种子。种子必须充分成熟。

（二）种子采集及贮存

种子充分成熟、青皮自行开裂时采收。核桃种子无后熟期，当年种子采收后即可秋播，无须贮存。春播种子贮存时要保持低温（5℃左右）、低湿（空气相对湿度 50%～60%）和通风透气的环境条件。

（三）播种与处理

种子可直接秋播，也可春播。用冷水浸泡种子 7～10 天，每天换水 1 次或将装有种子的麻袋放在流水中浸泡，使种子吸水膨胀裂口，然后捞出置于阳光下暴晒几个小时，待 90% 以上种子裂口即可播种。如果不开裂的种子占 20% 以上，应拣出再浸泡几天，然后日晒促裂。

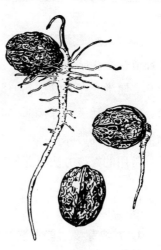

图 4-1　核桃种子及萌芽状态

核桃属大粒种子（图 4-1），多采用点播。种子缝合线应与地面垂直，种尖平行于播种沟。床作时，播种行距 30～40 厘米、株距 18～20 厘米；垄作时，垄顶播 2 行，行距 20 厘米，株距 15～20 厘米。沟深 6～8 厘米，播种后覆土并稍加踏实。播种量：床作时，亩需种量 130～150 千克；垄作时，亩需种量 100～120 千克，可保苗 5 000～6 000 株（图 4-2）。

图 4-2　核桃播种育苗

二、嫁接繁殖法

嫁接繁殖是实现核桃良种化的重要途径，嫁接苗的培育是苗木培育中的关键环节。嫁接砧木最好选用 2～3 年实生苗，如要嫁接一年生砧木，地径要大于 0.8 厘米。在 6 月中旬—8 月中、下旬可进行芽接，嫁接高度不低于 30 厘米。嫁接成活后，嫁接部位以上保留 2～3 片复叶后剪除上部枝条，嫁接部位以下枝叶全部剪除。

常用的嫁接方法有芽接法、枝接法。

（一）芽接法

1. 方块芽接　首先选好芽片，芽片长 2.0～2.5 厘米，宽 1.0 厘米左右。方块形取芽片，然后将削好的芽片贴在砧木嫁接部位。根据芽片大小将砧木嫁接部位上、下各切一刀，取出砧皮，撬下两边树皮，将芽片嵌入砧木接口处，用塑料条扎紧即可。此法关键是取芽（取出的芽不能有空洞）和叶柄处的裹扎

（使芽片紧贴砧木形成层），注意将芽体露出（图4-3、图4-4）。

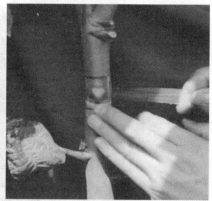

图 4-3　方块芽接

图 4-4　方块芽接愈合后

2. 嵌芽接　核桃的接穗或砧木不易离皮时可用嵌芽接法。削芽片：先在接穗的芽上方 0.8～1.0 厘米处向下斜切一刀，长约 1.5 厘米，然后在芽下方 0.5～0.8 厘米处，斜切 30°到第一切口底部，取下带木质部的芽片。芽片长 1.5～2.5 厘米。切砧木：按照芽片的大小，相应地在砧木上由上而下切一个切口，长度应比芽片略长。接芽和绑缚：将芽片插入砧木切口中，使砧木和接穗形成层对齐，以利愈合，然后用塑料薄膜条绑紧（图4-5）。

图 4-5 嵌芽接愈合后

（二）枝接法

核桃枝接法分为硬枝嫁接和绿枝嫁接。绿枝嫁接时，砧木和接穗都为嫩枝。具体方法如下：

1. 舌接法 砧木选用 1～2 年生的实生苗，基部粗 1 厘米以上。取接穗：取 7～12 厘米长的接穗，其上有 2 个饱满芽，下芽距下端 3～5 厘米长。嫁接：于砧木基部以上 30 厘米的平直光滑处剪断，先在砧木上端和接穗下端削一个 2～3 厘米的斜面，然后在斜面顶端 1/3 的地方顺砧木纵切一刀，深 2 厘米左右，即成接舌，再将砧穗的接舌插入对方的切口密接，形成层对齐，最后绑缚（图 4-6）。

2. 劈接法 砧木选用 1～2 年生的实生苗，基部粗 1 厘米以上。取接穗：剪 6～8 厘米长的接穗段，其上有 1～2 个饱满芽，下芽距下端 3～4 厘米长，并将接穗下端两面削出 2～3 厘米的大斜面，削成马耳形。嫁接：先于砧木以上 30 厘米的平直光滑处剪断，从中间劈开 3～4 厘米深，然后将接穗插入到砧木劈开部位，形成层对齐，最后绑缚（图 4-7）。

3. 腹接法 取接穗：将穗条保留 1 个饱满芽，剪成长 4～5 厘米的枝段（芽留枝段上部，距剪口 1.0 厘米），在芽背后自上而下切去枝条，宽度 0.5～

图4-6　舌接法

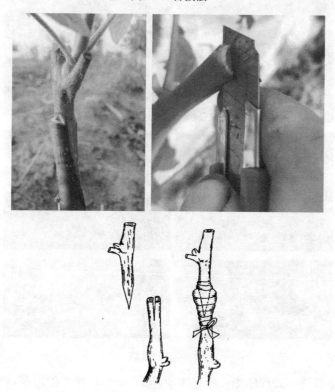

图4-7　劈接法

0.7厘米，枝段芽面下部切0.8～1.0厘米长的切口。嫁接：先在砧木嫁接处自上而下切下，切口长4～5厘米，宽0.5～0.7厘米，然后将削好的接穗嵌入砧木接口内，形成层对齐，下垂砧皮向上包扎枝段一半，切除多余砧皮，最后用薄膜将嫁接部位绑扎严紧即可（图4-8）。这种单芽腹接方法具有嫁接时期长，适用范围广，枝、芽利用率高等特点，可在生产中推广应用。

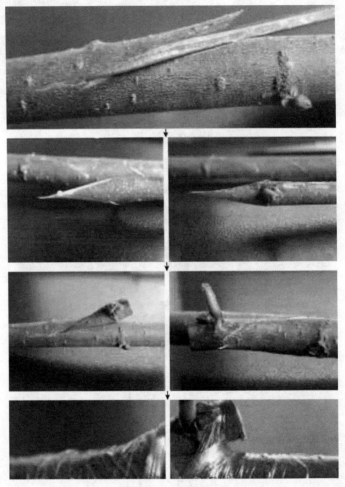

图 4-8　腹接法

4. **皮下接法**　处理砧木：将砧木距基部40～80厘米处短截，选择一光滑面，用快刀从上而下纵切韧皮部2～3厘米，深达木质部，然后用刀尖轻挑中上部，使韧皮部与木质部分离。嫁接：将接穗下端削成2～3厘米长、背面马耳形的小斜面，然后沿砧木韧皮部与木质部之间插入，其上露白0.2厘米，用

32

1.5～2.0厘米宽的塑料薄膜条绑扎严紧即可（图4-9）。

图4-9　皮下接

（三）嫁接前后的管理

嫁接前后的管理对成活率和生长量至关重要。因此，要做到以下几点：

1. 灌水　嫁接前5～7天浇透水，否则将影响成活率。

2. 除萌　嫁接后5天左右，砧木发生大量萌芽，应及时抹除。

3. 除去包扎物　芽接10天后可以检查成活率，枝接20天左右可以检查成活率。若发现未成活，可以补接。嫁接后20～25天，当接芽生长到5～10厘米时，应除去包扎物。

4. 扶帮　嫁接新梢长10～20厘米时，需扶帮支架以防风拆。

5. 土肥水管理　及时施肥浇水，8月底停肥、控水。

6. 病虫害防治　若发现病虫害，及时防治。

第五章

核桃园的建立

一、园地选择

种植核桃，土壤以沙土、沙壤土、壤土为宜，并要求土层深厚（1米以上），地下水位在2米以下，土壤 pH 7.5 左右，土壤总盐量不超过 0.25%。风沙前沿，极端低温 −25℃ 以下、极端高温超过 40℃ 及冷空气沉积的洼地，灌溉水总盐量大于 0.1% 或含有有毒物质如汞、氟等地域，不宜建园。

二、品种选择

由于核桃具雌雄异熟、风媒传粉、有效传粉距离短及品种间坐果率差异大等特点，建园时最好选用 2～3 个能够互相授粉的主栽品种（雌雄花期相近或互补），若需专门配植授粉树可按每 4～5 行主栽品种配植一行授粉品种的方式定植。授粉品种的雄花盛期与主栽品种的雌花盛期一致，原则上主栽品种同授粉品种的最大距离小于 100 米，比例为 5∶1 或 8∶1。目前，新疆主要栽培的品种中，温 185 和新新 2 号搭配，扎 343 和新丰搭配栽植。

三、栽植技术

1. **栽植密度**　早实核桃株行距 5 米×6 米或 6 米×8 米，晚实核桃株行距为 6 米×8 米。果粮间作时，核桃株行距为 8 米×10 米（图 5-1）。

2. **栽植时期**　新疆冬季长，干燥多风，秋季不宜栽植核桃，因此多采用春植，和田、喀什地区 3 月中、下旬开始，阿克苏地区 3 月下旬开始。受春季水短缺和劳动力紧张制约，有些地方在尝试秋栽、埋土越冬栽培。

图 5-1　果粮间作

3. 栽植方法　核桃栽植方式主要有长方形栽植和三角形栽植。栽植时要求穴大窝深、心土表土分开、施足基肥、分层回填、形成土堆、根系舒展、接口高于地表、浇足定根水、树盘覆盖、多留枝叶。

4. 栽后管理　栽后 2 周灌一次透水。对 1～2 年生幼树进行埋土防寒，覆 30～40 厘米土或用包扎物（用草帘子、布料等）包扎保护。开春后涂白，树冠喷涂 100～150 倍的羧甲基纤维素液，树下盖地膜（图 5-2）。

5. 苗木出圃质量　苗木出圃时最好用 2～3 年生壮苗，苗高 1 米以上，干径不小于 1 厘米，须根多。

图 5-2　核桃树下覆盖地膜

第六章

土肥水管理

一、土壤管理

（一）土壤改良

主要包括深翻熟化、增施有机肥、加厚土层、培土掺沙、排水洗碱、改变土壤酸碱性等措施。

1. 调节土壤酸碱度　若土壤酸性过大，可每年每亩施入 20～25 千克石灰，且施足农家肥，也可施草木灰 40～50 千克。新疆大部分地区的土壤为碱性土壤，通常每亩用石膏 30～40 千克作为基肥。碱性过高时，可加少量硫酸铝、硫酸亚铁、硫黄粉、腐殖酸肥等。施用硫黄粉见效慢，但效果最持久；施用硫酸铝时须补充磷肥；施用硫酸亚铁（矾肥水）见效快，但作用时间不长，须经常施用。

2. 土壤深翻　秋季深翻，有利根系恢复，对植株损伤小。深翻方式：深翻扩穴、隔行深翻、全园深翻。

（二）合理间作

核桃园间作原则：种低不种高、种短不种长、种浅不种深、种远不种近，宜种豆科植物、蔬菜作物、药用植物、绿肥作物。

豆科植物：黄豆、豌豆、蚕豆、绿豆等。

蔬菜作物：白菜、西瓜、大蒜、萝卜等。

药用植物：白术、麦冬、百合、芍药等。

绿肥作物：三叶草、紫花苜蓿、野豌豆等。

不宜种植：玉米、小麦、南瓜、高粱等。

（三）常见土壤管理方法

清耕法：园内不种其他作物，经常进行耕除，使土壤保持疏松和无杂草状态。

生草法：在果园行间长期种植豆科植物或禾本科植物作为覆盖物。

覆盖法：用各种材料（秸秆、杂草、薄膜等）覆盖树盘或全园，包括有机物覆盖和地膜覆盖。覆盖方式又包括全年覆盖、间断覆盖等。

免耕法：果园土壤不进行任何耕作，使用除草剂除去杂草，土壤表面呈裸露状态。

新疆大部分地区的核桃园土壤为沙壤土，保湿能力差，有机质含量低，因此建议利用生草法播种草本植物，以保持土壤湿润以及增加土壤有机质含量。

地面覆草

二、施肥管理

（一）施肥量（表 6-1）

表 6-1　施肥参照标准

品种类型		氮肥	磷肥	钾肥	有机肥
晚实核桃	1～5 年	50 克	10 克	10 克	3 千克
	6～10 年	50 克	20 克	20 克	5 千克
早实核桃	1～10 年	50 克	20 克	20 克	5 千克

注：树冠投影面积 1 米^2。

成年树的施肥量一般按有效成分计算，氮、磷、钾的配比以 2：1：1为宜。

（二）施肥时期

基肥：以秋季为好，果实采收至落叶前（9 月中、下旬—10 月中、下旬）施入。追施有机肥：在果树结果初期每株施入 30～50 千克有机肥；结果盛期每株施入 100～150 千克。

追肥：参见下表（表6-2）。

表6-2　核桃生长期追肥

追肥	早实核桃	晚实核桃
第一次	开花前（以氮为主）	展叶初期（以氮为主）
第二次	开花后（以氮为主配以磷钾）	展叶末期（以氮为主配以磷钾）
第三次	硬核期或稍后（氮磷钾复合肥）	硬核期或稍后（氮磷钾复合肥）

有机肥以穴施、沟施为主。

三、水分管理

核桃属中性偏湿性树种，枝叶能耐一定程度的大气干燥，但根系对土壤含水量较为敏感。

核桃树需水较多的几个时期水分管理如下：

1. 萌芽水管理　3—4月，核桃芽萌动并抽枝发叶，开花结实，需消耗大量水分，此时也是春旱多风季节，急需浇水。

2. 果实速生及花芽分化水管理　5—6月为果实速生期和花芽分化的关键时期。此时的灌水对当年坚果产量、品质提高及翌年开花结实状况有显著促进作用。

3. 高温季节水分管理　7—8月浇水1~2次，缓解旱情。8月底到灌溉越冬水之间不浇水，以促进新梢木质化安全越冬。

4. 越冬水管理　新疆冬季长，低温且干旱多风，因此在秋冬交接期灌溉相对较多。土壤上冻前灌足越冬水，对核桃树越冬和增加春季土壤墒情，缓解春水紧张十分有利。

第七章

核桃整形修剪

根据核桃的生长特性，在幼树期主要培养好树体结构，以整形为主，培养骨干枝，迅速扩大树冠，促进早结果、早丰产；结果盛期则应重调生长与结果的关系，防止结果部位外移，避免大小年，维持健壮树势。修剪时期：因11—12月和3—4月各有一次伤流高峰，建议在12月中旬—翌年2月中旬进行冬剪，其他修剪宜在3月下旬—8月中旬进行。

一、树形结构

按照通风透光、营养物质分配和管理技术要求可将核桃树分为以下几种树形。

1. 疏散分层形 干高：晚实核桃 1.2～1.5 米，早实核桃 0.8～1.2 米，间作核桃园干高 2 米左右（图 7-1）。1～2 层主枝间距：晚实核桃 1.2～2.0 米，早实核桃 0.8～1.5 米，间作 2 米以上。

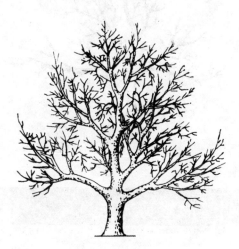

图 7-1 疏散分层形

2. 自然开心形 干高 1 米左右。主枝 3～4 个，轮生于主干上，不分层，主枝间距 30 厘米左右（图 7-2）。适用于土层薄、肥水条件差的晚实核桃和树冠开张、干性较弱的早实核桃。

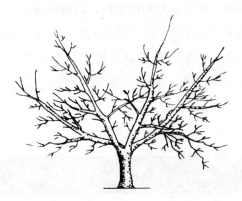

图 7-2　自然开心形　　　　　　　　　　　　自然开心形修剪

3. 多主枝自然半圆形　主枝 4～5 个轮生或交错着生在主干上，无中心领导枝（图 7-3）。因主枝较多，各主枝可选留培养侧枝，各级枝安排较灵活。

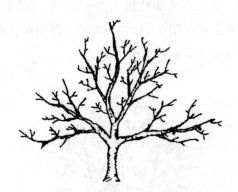

图 7-3　多主枝自然半圆形

二、不同时期整形修剪方法

（一）幼年、初果期

核桃种类不同，幼树期有一定的差异，一般早实核桃幼树期和初果期为 5～6 年，晚实核桃幼树期和初果期为 15 年左右。

1. 延长枝　中度短截或轻短截，以利扩树冠和促分枝。

2. 背下枝　第一层主侧枝的背下枝全部疏除；第二层及以上的主侧枝的背下枝换头开张为骨干枝，有生长空间的背下枝培养成结果枝组结果。

3. 徒长枝　可先短截后缓放或者夏季摘心促分枝，培养结果枝组，过密者疏除。

4. 结果枝组　早实核桃，对生长旺盛的长枝以甩放或轻剪为宜。晚实核桃，对旺盛的发育枝进行短截（轻短截或中短截）以增加分枝，但短截一般控制在 1/3 左右。

5. 疏散分层形树体整形　春季避开伤流后，于 1.0～1.5 米高且有饱满芽处定干，剪口芽留西北方向，剪口第一芽抽生的枝作为中心领导枝，其下 30 厘米整形带内选留 3 个方向适宜、分生角度好的枝作为第一层主枝。抹除整形带以下芽，整形带内其余枝条进行夏季摘心，过密可适当疏枝。当年秋季剪留 50～60 厘米中心枝，3 个主枝剪留 40～50 厘米。以后各年主枝延长枝剪留方法相同。主干上距第一层主枝 140 厘米以上选留第二层主枝 2 个。第一层主枝的第一侧枝距主干 1.5 米，第二侧枝距第一侧枝 1 米左右，第三侧枝距第二侧枝 60～80 厘米。第二层主枝的第一侧枝距主干 1 米左右，第二侧枝距第一侧枝 60～80 厘米。

结果初期骨干枝虽已配齐，但应继续扩冠，适当结果。

（二）盛果期

此期修剪的重点是维持树体结构，防止光照条件恶化，调节生长与结果的关系，控制大小年。

1. 枝组配置　选择内膛的健壮枝条或徒长枝，疏除周围细弱枝，只保留背上或斜生枝组，枝组间距 60～100 厘米。待萌生分枝后再进行回缩，促其加粗或横向生长。

结果枝修剪原则：小枝组"去弱留强、强老留新"；大中型枝组"去强留中庸"。

2. 辅养枝　逐年回缩。对多年生大枝回缩时，要在锯口下留小分枝。

3. 下垂枝　要及时回缩或改造成枝组，若不缺可疏除。

4. 徒长枝　过密疏除，保留的徒长枝短截（或夏季摘心）。

5. 二次枝　生长不充实且过多的二次枝，要及早疏除；健壮有空间的二次枝要保留，早摘心（6—7 月）。

6. 落头　落头时，在锯口下方留 1~2 个生长势较弱的多年生枝，以防锯口下方长出多数萌蘖。

7. 疏密　疏除外围和内膛的过密枝。

核桃花果管理及采收

一、花果管理

(一) 人工授粉

核桃树是雌雄同株异花树种，由于核桃存在雌雄异熟现象，因此必须配植授粉品种。生产上，为提高核桃坐果率，除配植授粉树外，还应注意人工授粉。

1. 花粉采集　雄花序即将散粉时（基部小花刚开始散粉）采集花粉。

2. 授粉的最佳时期　雌花柱开裂并成倒八字形，此期限只有3～5天。

3. 方法　先用滑石粉或淀粉将花粉稀释10～15倍，然后置于纱布袋内封严袋口，挂在竹竿上在树冠上方轻轻抖授即可。目前利用电子喷雾器或无人机来喷施花粉效果也很好。

(二) 去雄

1. 疏雄时期　以早为宜，一般在雄花序萌动前完成，若在雄花序伸长期再疏，效果不明显。

2. 方法　疏除70%～90%为宜，授粉树少疏。

二、采收加工

(一) 采收适期

青果皮由青变成黄绿色，茸毛变少，30%果实顶部出现裂缝为核桃的最佳采收期（图8-1）。此时核桃种仁硬化，胚乳成熟，核壳坚硬。不同品种，采收时间不一，一般多在9月上、中旬。同一品种提前采收15天，坚果单粒重降低4.4%，仁重降低17.5%，出仁率降低9.7%，严重影响坚果品质，因此要适时采收。

图 8-1　核桃果实裂开

（二）采收方法

1. 人工敲打　在果实成熟时，用竹竿或带弹性的长木杆敲击果实所在的枝条或直接触落果实。敲打时应从上至下，从内向外顺枝进行，以免损伤枝芽，影响翌年产量。

2. 机械振动　用机械振动树干或主枝，使果实振落地面（图 8-2）。注意在核桃振动采收时，振动时间不宜过长，品种不得混杂堆放。

图 8-2　机械振动器采收

(三)采后处理

果实采收后及时运到室外阴凉处或室内，切忌在阳光下曝晒。堆放时切勿使青皮变黑，甚至腐烂，以免污液渗入壳内污染核仁，降低坚果品质和商品价值。采收后尽快脱去青皮（图8-3），一般采收当天就开始脱青皮，两天之内完成脱青皮及清洗工作。

图8-3　核桃脱皮机

核桃脱青皮后应先进行漂洗（图8-4），清除坚果表面残留的烂皮、泥土和其他污染物，以提高坚果的外观品质和商用价值。

图8-4　核桃清洗机

　　核桃漂洗后，如直接在阳光下曝晒，会导致核壳破裂，核仁变质。洗好的坚果应先在竹箔或高粱秸秆上阴干半天，待大部分水分淋掉、蒸发后再摊放在芦席或竹箔上晾晒（图 8-5）。坚果摊放厚度不应超过两层，过厚容易发热，使核仁变质，也不易干燥。晾晒时要经常翻动，以免种仁受光面变为黄色，注意避免雨淋和晚上受潮，一般经过 5～7 天即可晾干。晾干后，可将果仁取出包装或另做加工（图 8-6）。

　　判断干燥的标准：碰敲坚果声音脆响，隔膜易用手搓碎，种仁含水量不超过 8%。晾晒过度，种仁会出油，同样会降低品质。

图 8-5　核桃晾晒

图 8-6　核桃坚果取仁

第九章

核桃主要病虫害防治

一、主要病害及防治

（一）核桃腐烂病

1. 发病规律 核桃腐烂病又名黑水病，是一种真菌性病害，病原为胡桃壳囊孢。病菌以菌丝体或分生孢子器在病部越冬，借雨水、风力、昆虫等传播。核桃腐烂病一般发生在管理粗放、土层瘠薄、排水不良、肥水不足、树势衰弱或遭受冻害及盐害的地块上，造成枝条枯死，结果能力下降，严重时引起整株死亡。

2. 症状 核桃腐烂病主要危害枝干。枝条发病初期病斑暗灰色水渍状肿起，用手按压流出泡沫状液体，病皮变褐有酒糟味，后病皮失水下凹，病斑上散生许多小黑点。湿度大时从小黑点上涌出橘红色胶质物。严重时，病斑扩展导致皮层纵裂流出黑水。主干染病初期，症状隐蔽在韧皮部，外表不易看出，当看出症状时皮下病部已扩展20～30厘米；流有黏稠状黑水，常糊在树干上，后期沿树皮裂缝流出黑水，干后发亮，好像刷了一层油（图9-1）。

3. 防治方法

（1）加强核桃园管理，增施有机肥，合理修剪，增强树势。

图 9-1　核桃腐烂病症状

（2）树干涂白，如有病斑，在入冬前刮除病斑，再涂涂白剂。

（3）早春及生长季节及时刮治病斑，刮后涂抹40％晶体石硫合剂21～30倍液、5～10波美度石硫合剂、50％多菌灵可湿性粉剂1 000倍液。

（二）核桃枝枯病

1. 发病规律 病原菌为矩圆黑盘孢，属半知菌亚门真菌。主要以分生孢子盘或菌丝体在枝条、树干病部越冬，翌年条件适宜时，产生的分生孢子借风雨或昆虫传播蔓延，从伤口侵入。该菌属弱性寄生菌，生长衰弱的核桃树或枝条易染病，尤其是1～2年生枝条易受害。春旱或遭冻害发病重。

2. 症状 该病主要危害核桃树枝干，病害先从幼嫩短枝开始发生，然后向下蔓延直至主干。受害枝条皮层初呈暗灰色，后变浅红褐色，最后变深灰色（图9-2）。染病枝条上的叶片逐渐变黄、脱落，枝条枯死。湿度大时，病部长出大量黑色短柱状物，即分生孢子。

图9-2　核桃枝枯病症状

3. 防治方法

（1）加强核桃园管理，增施有机肥，剪除病枝并烧毁。

（2）注意防寒，及时防治天牛、象甲等蛀干害虫。

（3）主干发病，一般应于早春刮治病斑，最好在生长季节发现病斑后及时刮治，刮后用3～5波美度石硫合剂涂抹消毒，或用70％甲基硫菌灵可湿性粉剂800～1 000倍液、80％代森锰锌可湿性粉剂400～500倍液喷雾防治，每隔10天喷一次，连喷3～4次。

（三）核桃炭疽病

1. 发病规律 核桃炭疽病是由真菌引起的病害，是核桃果实成熟后期大量变黑的主要病原。排水不良、通风透光少、种植密度大，导致田间小气候湿度增加，为炭疽病的爆发创造了有利条件。

2. 症状　炭疽病一般以老树发病严重，主要危害果实，也危害嫩芽、枝叶。果实发病，初生水渍状褐色斑点，后扩大为暗褐色干腐状病斑，病斑中央稍凹陷（图 9-3）；潮湿时，病部分泌出肉色分生孢子块；严重时全果腐烂，干缩脱落。叶片发病，初期呈水渍状，后变为褐色不规则病斑，病健交界处明显；病斑后期中间变为灰白色，边缘深褐色。受害叶片边缘卷曲，干燥时叶片易破裂，病斑正面散生许多小黑点（图 9-4）。

3. 防治方法

（1）及时松土、修枝，改善园内通风透光条件。

（2）发芽前，喷 3～5 波美度石硫合剂。

（3）6 月下旬到采果前半个月，每隔 15～20 天喷洒一次 50% 多菌灵可湿性粉剂 800～1 000 倍液或 50% 甲基硫菌灵可湿性粉剂 800～1 000倍液。

图 9-3　核桃炭疽病病果

图 9-4　核桃炭疽病果实和叶片

二、主要虫害及防治

（一）春尺蠖

1. 为害规律　春尺蠖属鳞翅目尺蛾科（图9-5），不仅为害槐、杨、柳等生态林树种，还危害杏、枣、核桃、苹果、梨等多种经济林树种。其发生期早，幼虫发育快，食量大，常暴食成灾，虫口密度大时可将树叶全部吃光，严重影响核桃的正常生长发育。

2. 防治方法

（1）成虫期黑光灯诱杀或人工捕捉成虫。

（2）蛹密度较大的地区，在早春可人工挖蛹。

（3）幼虫四龄前喷洒50％辛硫磷乳油2 000倍液。最佳防治时期在4月中、下旬。

图9-5　春尺蠖幼虫

（二）黄刺蛾

1. 为害规律　黄刺蛾俗称洋辣子，近几年在核桃树上为害猖獗。该虫一般一年发生两代，5 月下旬—6 月上旬出现越冬成虫；7 月上旬是第一代幼虫为害盛期；8 月上、中旬是第二代幼虫为害盛期；8 月下旬幼虫老熟，在树上结茧越冬（图 9-6）。年初孵的幼虫取食卵壳，然后在叶背群集啃食下表皮及叶肉（图 9-7），使叶片呈圆形透明小孔；长大后分散为害，常会吃光叶片，仅残留叶柄。

图 9-6　黄刺蛾越冬

图 9-7　黄刺蛾幼虫

2. 防治方法

（1）冬季结合修剪果园，将虫茧剪除。

（2）在幼虫二三龄阶段进行药剂防治。幼虫孵化盛期喷洒10％吡虫啉可湿性粉剂2 000倍液、90％敌百虫晶体1 500～2 000倍液，或选用2.5％溴氰菊酯乳油1 500～2 500倍液。

（3）黄刺蛾成虫有较强的趋光性，可以在成虫羽化期间安置黑光灯诱杀成虫。

（4）黑小蜂、螳螂是黄刺蛾成虫期的天敌，可利用天敌进行生物防治。

（三）糖槭蚧

1. 为害规律　糖槭蚧属同翅目蚧科，又名扁平球坚蚧、水木坚蚧、灰褐蜡蚧、槐介壳虫等，是一种多食性害虫。主要为害白蜡树、洋槐、榆、杨、柳、苹果、葡萄、杏、李、桃、核桃、巴旦木等，还可为害花卉。近年来，新疆南、北疆发生较重，有扩大趋势。

糖槭蚧每年发生2代，以二龄若虫在枝干裂缝、老皮下及叶痕处越冬；翌年3月中、下旬开始活动，并爬到枝条上寻找适宜的场所固着为害（图9-8）。4月上旬虫体开始膨大，4月末雌虫体背膨大并硬化，5月上旬开始在体下介壳内产卵。5月中旬是产卵盛期，卵期1个月左右。5月下旬—6月上旬为若虫孵化盛期。若虫爬到叶片背面为害，少数寄生于叶柄。以若虫和成虫为害枝叶和果实，发生严重时，致使枝条枯死，树势衰弱。

图9-8　糖槭蚧为害状

2. 防治方法

（1）树干涂6～10厘米宽的胶带，阻杀上树若虫。胶液配制方法：将废机油与石油沥青混合，加热溶化后搅匀。如在胶带上再钉一圈塑料布，下端成喇叭口状，效果更好。

（2）喷施柴油乳剂。柴油乳剂配制：柴油和水各 1 000 克，肥皂 60 克。先将肥皂切碎，加入热水中溶化，同时将柴油在热水浴中加热到 70℃（加热至烫手的程度，切勿直接加热，以免失火）。把加热好的柴油慢慢倒入热肥皂水中，边倒边搅拌，即制成 48.5％的柴油乳剂。使用时将原液稀释 10 倍，于核桃树发芽前喷雾。果树生长期施用，可将原液稀释 100 倍喷雾。

（3）若虫已上树，可在发芽前喷 3～5 波美度石硫合剂。

附录　核桃树周年管理工作历

时间	工作内容
1 月	（1）冬季修剪，1 月中旬开始。 （2）清理果园
2 月	（1）冬季修剪，在 2 月 10 日之前，即萌芽前 1 个月结束冬季修剪工作，避免伤流发生。 （2）清理果园。剪除的树枝、树冠上的烂果、防虫用的草等要全部烧毁。 （3）树干束膜
3 月	（1）轻灌水一次。 （2）萌芽前，害虫开始活动时全园喷施 5～7 波美度的石硫合剂。 （3）树上均匀保留 20％雄花芽，其余全部抹除
4 月	（1）树上均匀保留 20％雄花芽，其余全部抹除。3 月底—4 月初进行。 （2）开花前结合灌溉施入尿素，每株 1～2 千克。 （3）部分过密的新梢疏除。 （4）种植矮秆且与核桃树需水期相同或相近的作物。 （5）劣质和实生核桃树，按照树形剪出多年生枝，促进新梢生长，准备嫁接换头
5 月	结果树 （1）防治病虫害（及时防治天幕毛虫、蚜虫、叶螨、介壳虫等）。 （2）根据气候条件和土壤保水力，每隔 15～20 天浇一次水。 （3）夏季修剪以摘心、疏除过密枝和穗状果实为主。 （4）新梢长到 50 厘米时开始进行绿植嫁接。一般在 5 月中、下旬进行。 （5）施叶面肥（以氮肥为主，准备 0.3％的溶液喷施叶面，5 月中、下旬喷施一次）。 （6）5 月中旬，把骨干枝通过铁丝拉、吊、撑等方法开张角度，阳面主枝角度 70°、阴面主枝角度 60°～65°即可
6 月	（1）6 月初结合灌溉施入磷肥，每株 1～2 千克。 （2）继续夏季修剪，主要是新梢摘心，一般新梢长度不超过 60 厘米，延长头可以留 80 厘米。 （3）防治病虫害。 （4）施叶面肥（以磷为主）。 （5）继续进行绿植嫁接。一般在 6 月中、下旬之前完成。 （6）为提高光合效率，叶面被灰尘覆盖时喷水洗叶片。 （7）将农家肥和杂草混到一起堆沤，准备秋季施肥。7 月中旬之前完成。腐熟时间不少于 60 天

（续）

时间	工作内容
7月	（1）7月初结合灌溉施入钾肥，每株1～2千克。 （2）叶面施肥（以磷肥、钾肥为主）。 （3）继续夏季修剪，以新梢摘心为主。树冠上的新梢，延长头以外新梢不超过60厘米。 （4）防治病虫害
8月	（1）8月初结合灌溉施入钙肥，每株1～2千克。 （2）新梢继续摘心，8月10日之前全部完成。 （3）为提高光合效率，叶面被灰尘覆盖时喷水洗叶片。 （4）8月15日后停止灌溉。为促进新梢木质化，控制水分
9月	（1）准备采收工具、筐子、梯子、袋子等，做采收计划、安排劳动力等。 （2）联系销售点。 （3）青皮裂开后采摘果实。采摘时间为9月20日左右。 （4）采摘后立即脱离青皮，避免发生黑仁，尽快清洗核桃、晒干。 （5）果实分品种、分等级，准备销售。 （6）果实采收1周后，开始进行秋季施肥。每株施肥量100～150千克。以树冠外围为标准，挖深度为70厘米的坑，施入腐熟的有机肥
10月	秋施基肥
11月	（1）清理果园（将枯枝落叶、病虫果、杂草、废物等清理干净，深埋或烧掉）。 （2）灌冬水。在11月中旬灌足冬水，一般根据气温确定灌溉时间，即温度0～5℃时进行灌溉。 （3）树干涂白（用毛刷将涂白剂均匀地涂在树干大枝、根茎及分叉处）。当气温降至10℃以下时，开始涂白，具体配方：1千克生石灰、100克食盐、100克食用油、250克面粉，兑2.5～5.0千克水，搅匀后涂抹树干。 （4）喷施石硫合剂。害虫准备休眠时，全园喷施5～7波美度的石硫合剂。 （5）在核桃树主枝分叉口放置捆好的草团，以诱骗害虫在杂草里休眠，翌年2月收集烧毁
12月	（1）清理果园。 （2）避免牲畜进入果园啃食树皮

图书在版编目（CIP）数据

核桃实用栽培技术/玉苏甫·阿不力提甫主编 . —
北京：中国农业出版社，2022.9
全国农民教育培训规划教材
ISBN 978 - 7 - 109 - 30125 - 2

Ⅰ . ①核… Ⅱ . ①玉… Ⅲ . ①核桃－果树园艺－技术
培训－教材 Ⅳ . ①S664.1

中国版本图书馆 CIP 数据核字（2022）第 183300 号

中国农业出版社出版

地址：北京市朝阳区麦子店街 18 号楼
邮编：100125
责任编辑：高宝祯
版式设计：杜 然　　责任校对：吴丽婷
印刷：北京通州皇家印刷厂
版次：2022 年 9 月第 1 版
印次：2022 年 9 月北京第 1 次印刷
发行：新华书店北京发行所
开本：720mm×960mm　1/16
印张：4.75
字数：64 千字
定价：18.00 元